神奇的春夏秋冬

[英] 汉娜·潘（Hannah Pang）著
[英] 克罗弗·罗宾（Clover Robin）绘
丁　将　译
孙天任　审

重庆出版集团 重庆出版社

献给外公和外婆，我和他们一起度过了许多快乐的岁月；也献给米娅。

——汉娜·潘

献给凯文和维尼。

——克罗弗·罗宾

感谢九年来的季节流转。

——尼克·巴蒂亚（本书策划人）

Seasons
First published in Great Britain 2020 by Little Tiger Press Ltd.,
an imprint of the Little Tiger Group
1 Coda Studios, 189 Munster Road, London SW6 6AW
Text by Hannah Pang

版贸核渝字（2022）第196号

图书在版编目（CIP）数据

神奇的春夏秋冬 / (英) 汉娜·潘著 ; (英) 克罗弗·罗宾绘 ; 丁将译. -- 重庆 : 重庆出版社, 2022.8
ISBN 978-7-229-17062-2

Ⅰ.①神… Ⅱ.①汉… ②克… ③丁… Ⅲ.①自然科学—儿童读物 Ⅳ.①N49

中国版本图书馆CIP数据核字（2022）第147286号

神奇的春夏秋冬
SHENQI DE CHUNXIAQIUDONG
〔英〕汉娜·潘 著 〔英〕克罗弗·罗宾 绘 丁将 译

责任编辑：金 玲
特约编辑：杨兆鑫
装帧设计：田 晗 徐小雨

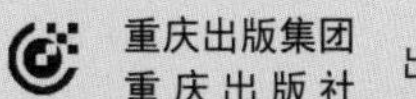
重庆出版集团
重庆出版社 出版

重庆市南岸区南滨路162号1幢 邮政编码：400061 http://www.cqph.com
鹤山雅图仕印刷有限公司印制 青豆书坊（北京）文化发展有限公司发行
Email: qingdou@qdbooks.cn 邮购电话：010-84675367

全国新华书店经销

开本：889mm × 1194mm 1/16 印张：3 字数：30千字
2023年1月第1版 2024年9月第3次印刷
ISBN 978-7-229-17062-2
定价：68.80元
如有印装质量问题，请向青豆书坊（北京）文化发展有限公司调换
电话：010-84675367

大自然仿佛一幅魔法画卷，每个季节都会变换模样。

一棵高大的欧洲橡树在夏天枝繁叶茂，郁郁葱葱，到了冬天则枝叶凋零，在寒风中瑟瑟发抖。

北极则会出现夏季午夜出太阳、冬季正午天暗黑的天象奇观，而北美洲阿拉斯加湍急的河流一到严寒的月份，就会冰封起来。

在地球的另一端，澳大利亚的红树林里，上一个季节还是陆地动物穿梭其间，下一个季节就到处是鱼儿畅游了。

在中国的黄龙沟，大自然的色彩会随着季节变化由雪白变成翠绿，再由翠绿变成金黄。

在世界各地，季节的转换仿佛是在上演一幕幕大戏。在肯尼亚的马赛马拉大草原，这样的戏剧尤为惊心动魄，因为无论湿季还是干季，那里上演的都是生死之战。

快翻开这本精彩的图画书，去探索自然的神奇奥秘吧！

扫码领取配套音频
聆听四季变换的美妙故事

高大的橡树

来看这棵华美的橡树，看看它新芽萌发的姿态，再看看它繁华落尽的样子。一年四季，它为动物们提供食物和庇护，成为它们的家园。

春天

你看，当鸟儿甜美的歌声唱响在草地上空时，这棵高大的橡树也焕发了生机，长出了新鲜的绿叶。

这只**栎翠灰蝶的幼虫**需要尽其所能地吃东西，才能变成漂亮的蝴蝶。

大地回春，阳光温暖，许多花儿竞相开放，比如**蓝铃花**。嗡嗡作响的**蜜蜂**会在花的底部咬一个洞，吮吸里面甜甜的花蜜。

这棵树会引来很多虫子，它们是饥肠辘辘的鸟儿喜欢的午餐！不过你可能看不见这只**林柳莺**的身影，因为它把巢筑在茂密的灌木丛间，以此躲避捕食者。

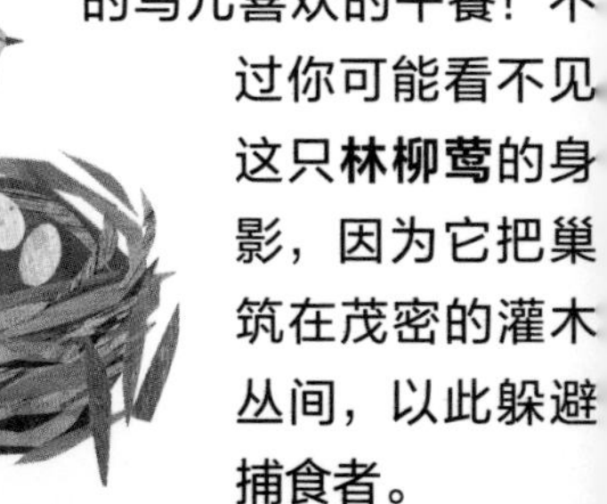

秋天

树叶渐渐变成金黄色和褐色，然后飘落大地。而动物们则忙着为冬天储存食物。

这种长相有趣的蘑菇名字也很有趣，叫**硫黄菌**（也叫**树鸡蘑**）！它喜欢长在橡树上，但会引起橡树腐烂，甚至使其轰然倒下。

马鹿（也叫**红鹿**）以秋天从橡树上掉下来的棕褐色橡果为食。现在，它们的毛是棕灰色的，而在暖和的月份，它们的毛是红色的。

如果你想见到**灰林鸮** [xiāo] 的踪影，听到它们的叫声，最佳时机就是秋天的晚上，这时雄鸟和雌鸟会相互呼唤，彼此唱和。听，它们叫得多响亮:“啾——咕！”

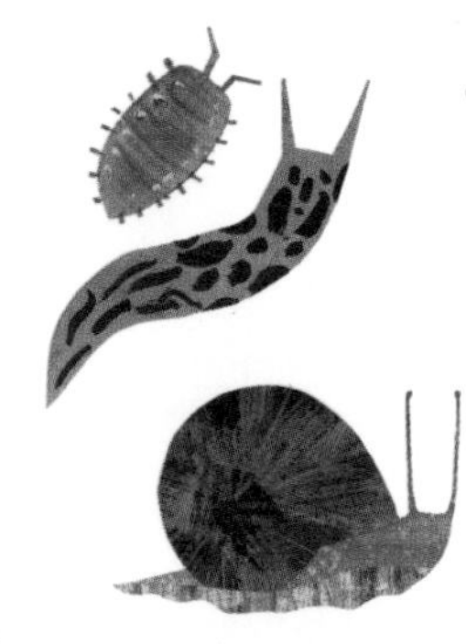

在潮湿的树叶下面，正在上演一场虫子大战！随着夜幕降临，行动敏捷的**蚰蜒** [yóu yán] 会捕获各种各样的奇怪爬虫，从**蠕虫**到**潮虫**都不放过。

冬天

这棵曾经枝繁叶茂的大树已变得光秃秃的，大地上也是积雪覆盖。对动物来说，这个季节是一段难熬的时光，它们大多数都会藏起来。

整个秋天，**獾**一直在大吃大喝，好为身体囤积脂肪，这样才能挨过冬天。獾全年都处于活动状态，不过天气太冷的时候，它就会待在地下的洞穴里。

整个冬天，**榛睡鼠**都在它提前铺好的舒适小窝里冬眠。也就是说，有好几个月，它都在呼呼大睡，不会醒来！

毛毛虫正躲在自己特殊的栖身之所——蛹里面，为自己的华丽变身做准备：它将会变成一只美丽的蝴蝶！

和榛睡鼠一样，有些**蝙蝠**也会冬眠，它们往往待在啄木鸟的旧树洞里。它们沉睡时，几乎连呼吸都停止了！

在**熊蜂**蜂群里，只有蜂王（也叫蜂后）能活过冬天。在所有工蜂都死去之后，蜂王会安全地待在地下洞穴里打瞌睡，直到春暖花开。

这棵大树静立在此，大自然却不断向前。大橡树，以及生活在它周围的所有野生动植物，为了生存，都需要随季节而动。

北极

地球的最北端，是一片奇寒无比的区域。冬天，这里的冰雪世界一片洁白，让人叹为观止。只有到了夏天，它们才会融化。

欢迎来到北极！

冬天

太阳几个月都不露面，但是天空中会闪耀着绚丽的北极光。

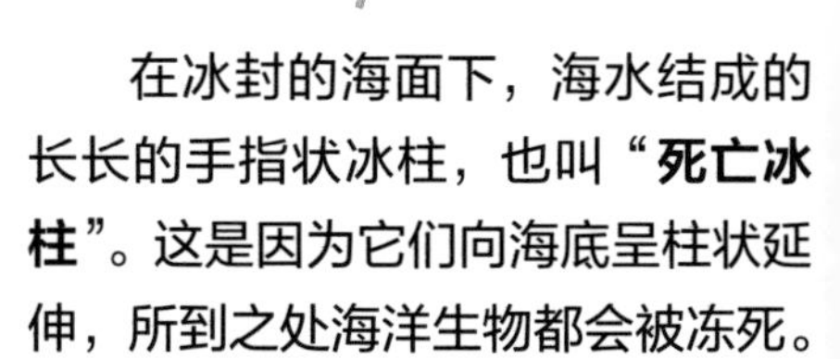

在冰封的海面下，海水结成的长长的手指状冰柱，也叫“**死亡冰柱**”。这是因为它们向海底呈柱状延伸，所到之处海洋生物都会被冻死。

北极熊妈妈会在雪底下挖出一个深深的窝。它要在这里产下毛茸茸的北极熊宝宝。

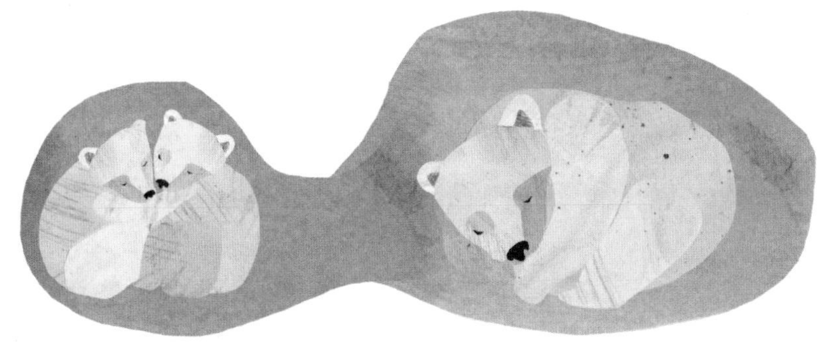

和大多数海豹一样，**环斑海豹**也能在寒冷的环境中生存，因为它的身体里有一层厚厚的皮下脂肪。

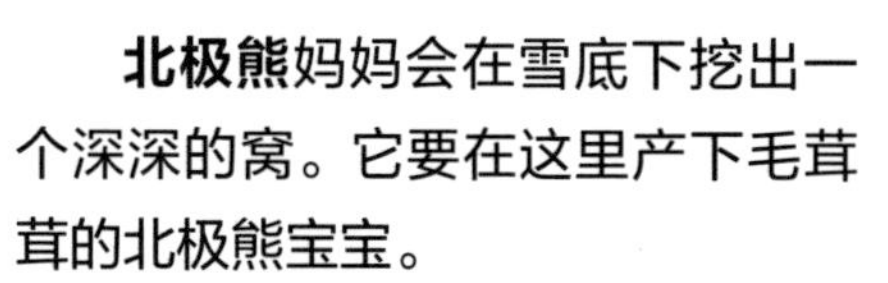

独角鲸常常被称为“大海中的独角兽”。冬天，它们喜欢在厚厚冰层下的深海里畅游。

夏天

太阳出来了，光芒四射。但是在夏天，太阳从不会落下。即使是午夜时分，它仍然高挂天空，闪闪发光！

每年，**雪雁**都会飞越千山万水来到北极。这里的夏天漫长而温暖，非常适合抚育小雪雁。

冰雪融化，**虎鲸**会来到开阔的水域捕食海豹。冬天，它们会远离海冰，因为海冰会伤到它们高高的背鳍。

小**麝** [shè] **牛**会跟自己的妈妈待在一起，它往往会藏在妈妈长长的毛“裙子”底下，这里让它感觉安全。

夏天，**北极兔**和**北极狐**会褪掉白色的毛，而在冰天雪地的冬季，这身白衣服能帮助它们躲避捕食者。

对动物来说，北极的生活环境非常严酷，而且是越来越严酷。通过保护我们的地球家园，我们能帮助动物更好地生存。

荒野之地

阿拉斯加的广袤与寒冷，远远超乎你的想象。阿拉斯加的地势远高过海平面，这里群山环绕，河中鱼儿畅游。站在水边，你就能看到四季在眼前交替变换。

秋天

葱翠、金黄的树木让森林变得明亮耀眼，而大地上满是火红的野草。

秋天，**沙丘鹤**会排列成“人”字形，飞往南方过冬。

由于能够吃到的鲑鱼变少，熊得在冬天来临前多吃其他食物填饱肚子。它们秋天的食谱上有**松果仁**、**浆果**和**树叶**。

秋天，**阿拉斯加驼鹿**中，雄驼鹿会为了赢得雌驼鹿的青睐而彼此争斗。

冬天

冻结的河流在枝叶凋零的树木和翠绿的冷杉之间形成了一条蜿蜒的冰路。许多动物躲藏起来，那些还在外面的则为了生存苦苦挣扎。

冬天，**阿拉斯加驼鹿**硕大的鹿角会脱落。到了春天，它们又会长出新角。

美洲河狸待在雪下舒适的窝里，依偎着取暖。它们修筑的堤坝就在附近。

冬天，**木蛙**会让自己的身体冻成“冰棍”。春天来临，它又会慢慢解冻，然后蹦跳着离开！

大雕鸮将废弃的鹰巢或松鼠窝作为栖身之地，有时也会住进树洞里。

春天

春天是生机勃发的季节。河水解冻，野生动植物都能得到足够的水分，高高的青草如波浪般起起伏伏，漂亮的花朵摇曳其上。

紫色的**羽扇豆**（又叫**鲁冰花**）是阿拉斯加春天最早开放的一种野花。金色的**北极罂粟花**紧随其后，**熊蜂蜂王**会停在花朵里让自己暖和起来。

在河水里，小**鲑鱼**从卵中孵化出来。然后，它们会离开河流，到湖泊中生长两年，之后便游向大海。

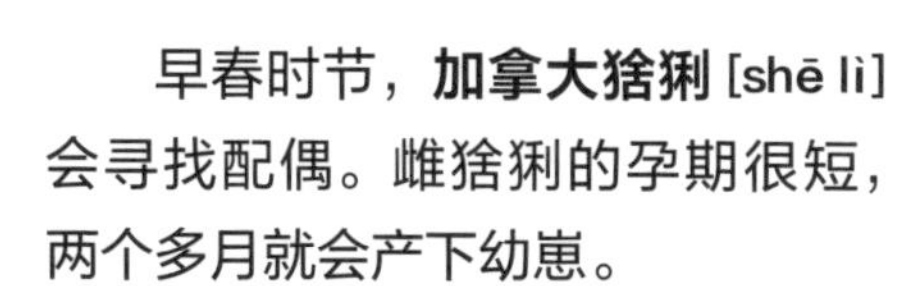

早春时节，**加拿大猞猁** [shē lì] 会寻找配偶。雌猞猁的孕期很短，两个多月就会产下幼崽。

北美豪猪是一种夜行性动物，这意味着它只在晚上出来活动。它的身上长着坚硬的刺，遇到捕食者时可以用来保护自己。

美洲水鼬也是晚上出来活动。小水鼬刚长到 8 周大，就开始捕食了，不过直到秋天，它们才会离开妈妈独自生活。

夏天

夏季的雨清新凉爽，淅淅沥沥地落在湍急的河水中。随着夏季一起到来的还有鲑鱼。

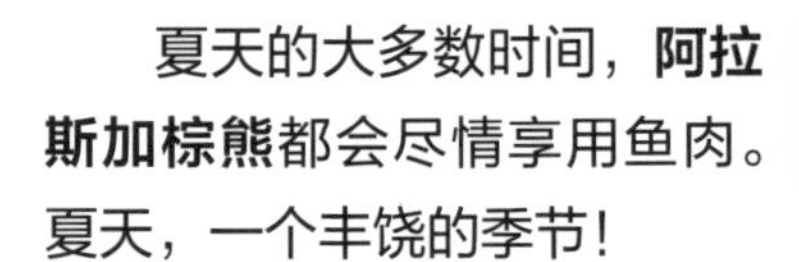

夏天的大多数时间，**阿拉斯加棕熊**都会尽情享用鱼肉。夏天，一个丰饶的季节！

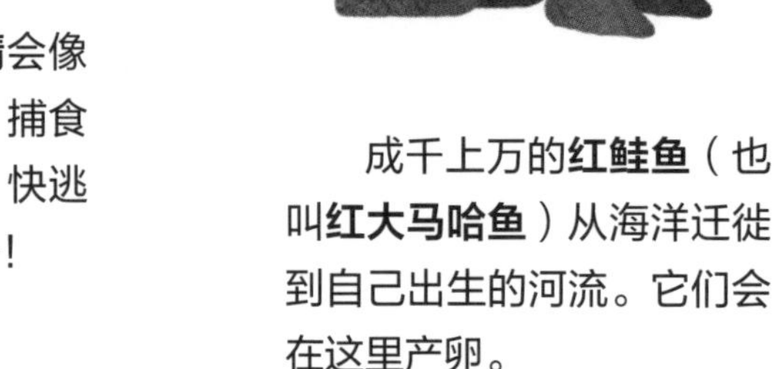

夏天，**小斑蜻**会像直升机一样盘旋，捕食半空中的小虫子。快逃命吧，讨厌的蚊子！

成千上万的**红鲑鱼**（也叫**红大马哈鱼**）从海洋迁徙到自己出生的河流。它们会在这里产卵。

喜欢吃鱼的可不止棕熊。很多鸟类，如**老鹰**、**乌鸦**和**海鸥**，都会耐着性子等着棕熊。棕熊剩下的一点儿残渣对它们来说也是美味。

貂熊是一种贪吃的动物，会跟在狼的身后吃它剩下的任何食物。

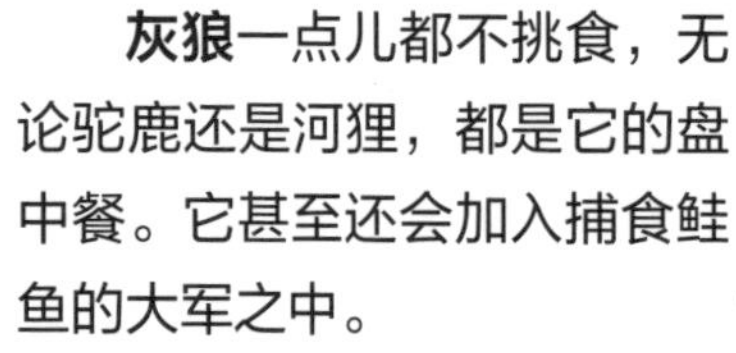

灰狼一点儿都不挑食，无论驼鹿还是河狸，都是它的盘中餐。它甚至还会加入捕食鲑鱼的大军之中。

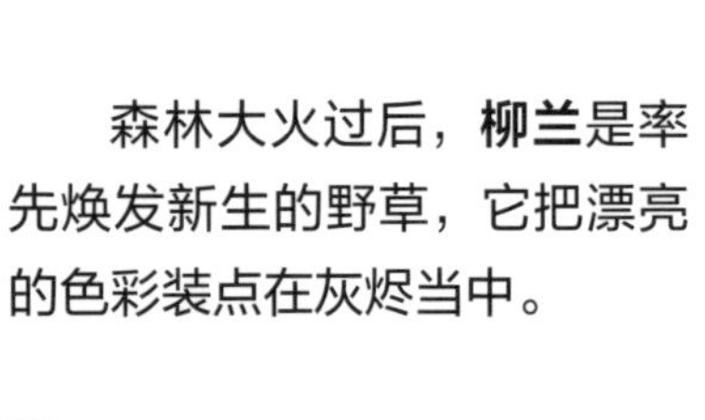

森林大火过后，**柳兰**是率先焕发新生的野草，它把漂亮的色彩装点在灰烬当中。

阿拉斯加夏天的光照比冬天多。但即便在夏天，天气也相当寒冷，因此生活在这里，常年都十分艰苦。

水之奇境

现在，让我们前往一处溪流遍布的沼泽地，它深藏在澳大利亚北部地区。在这里你能看到神奇的红树，它的根伸得又长又远，扎在水中，又露出水面。

旱季

整个旱季，红树都生长在一片潮湿的泥潭里。溪水干涸后，大量的鱼儿无处可逃，只能坐以待毙。

绿鹭终年生活在红树上或红树周围。它喜欢潜伏在树根中间，时刻准备扑向弹涂鱼或螃蟹。

离红树不远处，一只**黑尾袋鼠**正在灌木丛深处休息。雌黑尾袋鼠和其他袋鼠一样，也会把自己的孩子，也就是小袋鼠装在育儿袋中。

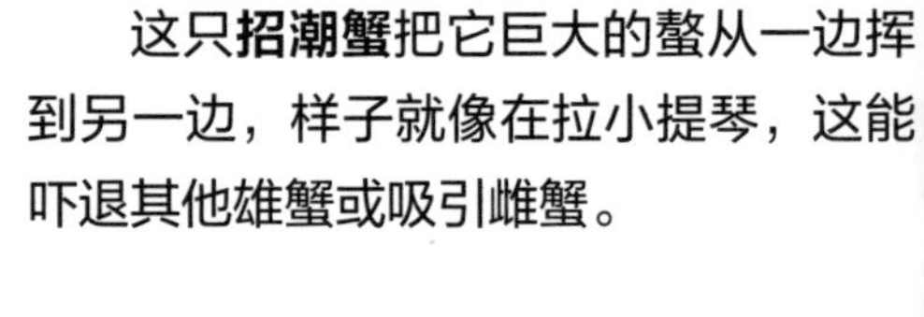

这只**招潮蟹**把它巨大的螯从一边挥到另一边，样子就像在拉小提琴，这能吓退其他雄蟹或吸引雌蟹。

狐蝠妈妈倒挂在树上，用双翼保护着自己的孩子。夜幕降临后，它就会带着孩子寻找果实吃。

因为长着像脚一样的鱼鳍，**银线弹涂鱼**既能在水里也能在陆地上生活！当两条雄鱼相遇时，它们的背鳍就会亮起来，这可是要争斗的警告信号！

与许多植物不同的是，**红树**在被水淹没或者不淹没的环境里都能存活，甚至在咸水中也没问题！旱季期间，红树还会开出小花。

雨季

在潮热的夏季，倾盆大雨让水湾的水涨了起来。欢迎来到水下奇境。但要小心水下的潜行者！

银纹笛鲷 [diāo] 幼鱼身上的颜色比它的父母更鲜艳。成年银纹笛鲷游到海里产卵时，幼鱼会留在红树林中的“托儿所”里。

枪虾把巨大的螯猛地夹一下，发出“砰砰砰”的响声，来警告捕食者离远些。

雨季，小**红树巨蜥**从蛋里孵化出来，这个季节有许多昆虫供它们捕食。

蓝翠鸟是潜水捕鱼的能手。它会先站在低垂的树枝上观察一阵，看准了再俯冲下去捕捉猎物。

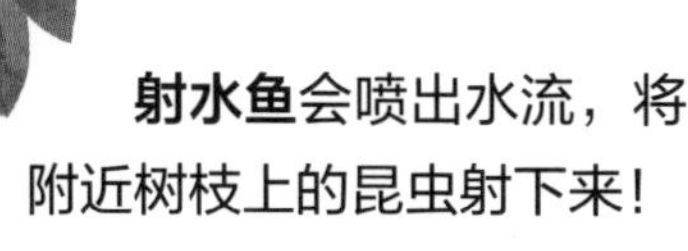

射水鱼会喷出水流，将附近树枝上的昆虫射下来！

儒艮 [gèn] 形似海牛，有时候会在红树林附近的水道中露面。它喜欢吃海草，还跟大象有亲缘关系。

红树林中充满了生存挑战，动物和植物必须适应水陆两栖生活，才能应对它们家园中出现的种种剧烈的环境变化。

魔幻仙境

在黄龙沟，池水湛蓝晶莹，连周围的石头也闪闪发光。站在山坡眺望，你或许有机会观赏到中国最稀有的生物。

冬天

冬天，这里的景色非常美丽，琼枝玉树，天寒地冻，猴子们挤在一起依偎着取暖。

只有在黄昏之后，你才能看到**兔狲** [sūn]，这时候它们会出来捕食小型啮 [niè] 齿动物和鸟类。冬天，它们会生出又长又蓬松的毛，这身“外套”可以帮助它们抵御严寒。

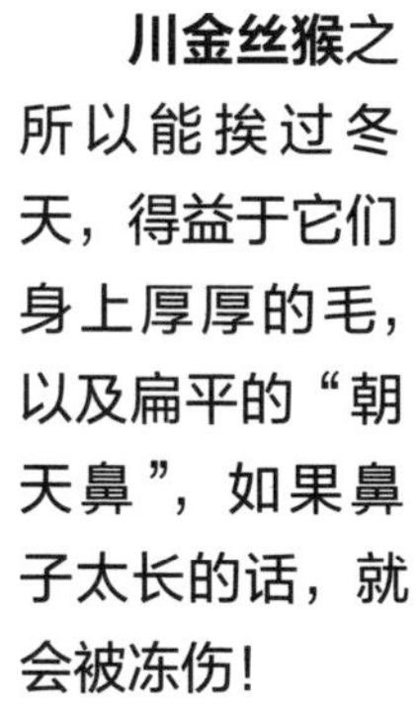

川金丝猴之所以能挨过冬天，得益于它们身上厚厚的毛，以及扁平的“朝天鼻”，如果鼻子太长的话，就会被冻伤！

地衣不是植物。它是两种微生物共生的复合体，一种是真菌，作用是吸收水分，另一种是藻类，负责合成营养物质。所以，真菌和藻类更像是非常要好的朋友！

春天

在一排金色的柔荑 [tí] 花序* 后面，阳光洒在冰雪融化的池塘上。此时，黑熊也起来和春天打招呼了。

* 柔荑花序是无限花序的一种，花序轴柔软下垂，上面由许多无柄的单性花组成，如杨树、柳树的花序。

羽毛鲜艳的雄**绿尾虹雉**鸣叫着飞上飞下，来吸引雌鸟的注意！

春天，**糙皮桦**的枝头长出了柔荑花序。这些花轴有时候能长到 12 厘米长！

小熊猫主要在夜间活动。它爪子尖、尾巴长，能够爬上高高的树木，远离捕食者。跟黄龙沟的许多动物一样，小熊猫也以**竹子**为主要食物。

夏天

夏天，阳光充沛，不时会有阵雨，黄龙沟内绿意盎然。

红翅旋壁雀把巢筑在悬崖峭壁的岩石缝隙里。

一年中的这个时节，**岩羊**等很多动物都会爬上陡峭的山坡，到高山草甸上吃新鲜的青草。

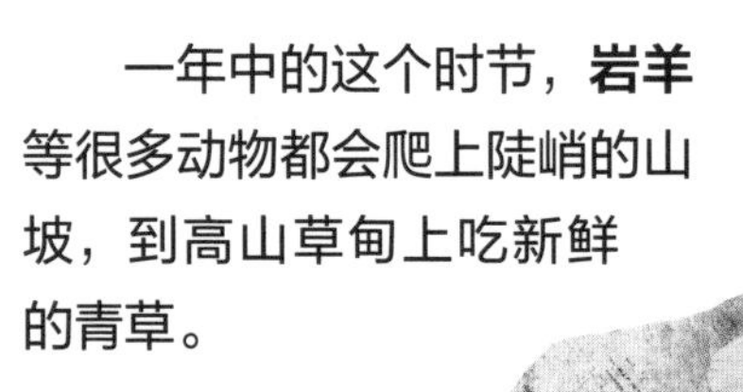

四川羚牛的皮毛上有许多油脂，这样，它就不会被夏天的雨水淋湿了。

杓 [sháo] 兰也许看上去娇嫩，但它们却能熬过严酷的冬天。即使在海拔极高的山上，环境恶劣，在夏天也能看到它们盛开的身影。

离黄龙沟不远的地方，可以看到**雪豹**出没。它用自己的尾巴保持身体平衡，能在岩石间跳出很远的距离。

碧凤蝶翅膀上的图案看上去就像是一只只眼睛。这会吓跑打算吃掉它的动物。

秋天

秋天是黄龙沟最美的季节，魔幻仙境里色彩缤纷，生机盎然。

大熊猫是一种极为珍稀的动物，大多数时候都在山区低海拔区域的竹林中生活。刚出生的大熊猫幼崽个头特别小，你甚至可以把它捧在手心里。

黄喉貂喜欢吃**晚绣花楸**[qiū]**的果实**，它也捕食松鼠、野兔、田鼠、鸟类、昆虫，甚至是小鹿！

大熊猫的粪便是绿色的！这是因为它们主要吃竹子。

林麝是爬树能手。雄林麝的犬牙特别长，在打斗中发挥着重要作用。

红腹锦鸡飞起来十分笨拙。它喜欢在地面活动，以叶子和昆虫为食。

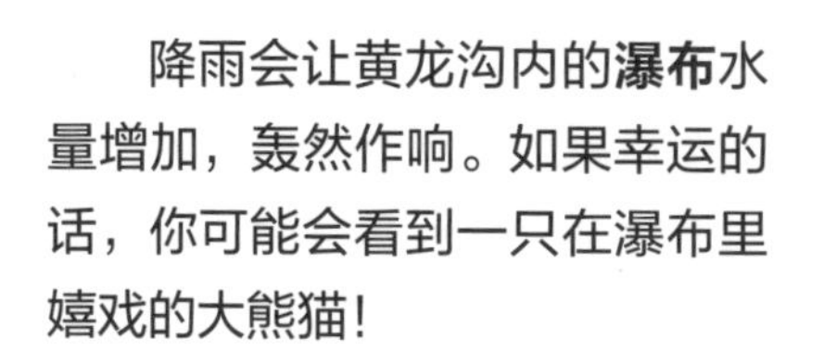

降雨会让黄龙沟内的**瀑布**水量增加，轰然作响。如果幸运的话，你可能会看到一只在瀑布里嬉戏的大熊猫！

猪獾因为吻鼻部长得像猪而得名，它用鼻子到处嗅来嗅去，寻找秋天的果实。

这片拥有金色岩石和宝石般池塘的天地，孕育着许多珍稀的生物，它们也亟须人类保护。

快下点儿雨吧！

肯尼亚的马赛马拉大草原一望无际。不断变化的草原环境给数百万不可思议的生物带来生机，其中也包括一大批饥肠辘辘的捕食者！

干季

身后尘土飞扬，前面是湍急的马拉河，这里正在上演的是东非野生动物大迁徙。这些动物必须渡过河，才能活下去。

斑纹角马喜欢吃低矮的嫩草，它们通常和斑马相伴迁徙，斑马吃掉高层的草之后，底部的嫩草就会露出来供斑纹角马吃！

因为皮毛上有许多花斑，**豹**能很好地隐藏在树上，随时准备扑向树下的任何动物。

动物们到**叠伞金合欢**树下乘凉时，它们的粪便和尿液就成了树的肥料！

尼罗鳄长着 60 多颗尖牙，是致命的猎手。它的身长跟一辆小轿车差不多。

白天，**河马**待在水里给自己降温。但要小心，河马张开大嘴打哈欠，其实表明它生气了！

湿季

乌云遮天蔽日，河畔的平原上长出了鲜嫩的青草，雨水滋养了四面八方的野生生物。

鸵鸟是目前世界上最大、最重的鸟。它不会飞，但是双腿非常有力，一脚踢出去足以杀死一头狮子!

黑颈眼镜蛇是一种脾气暴躁的蛇。不管什么动物吓到了它，它都会往对方的眼睛里喷射毒液。

很不幸，已经没有几头**黑犀**还活在世上，因此你不大可能在这里见到它的踪影。小黑犀降生后，会跟随母亲生活长达三年时间。

长管粉墨花会在雨后竞相开放。

蜣螂 [qiāng láng] 俗称**“屎壳郎”**，会把动物的粪便滚成球，把卵产在里面，埋在地下。

这些花是**东非狒狒**（因全身呈橄榄色，也叫**橄榄狒狒**）的美味大餐。

东非野生动物大迁徙是地球上最激动人心的事件之一。对于迁徙的动物们来说，这却是一场生死之旅。

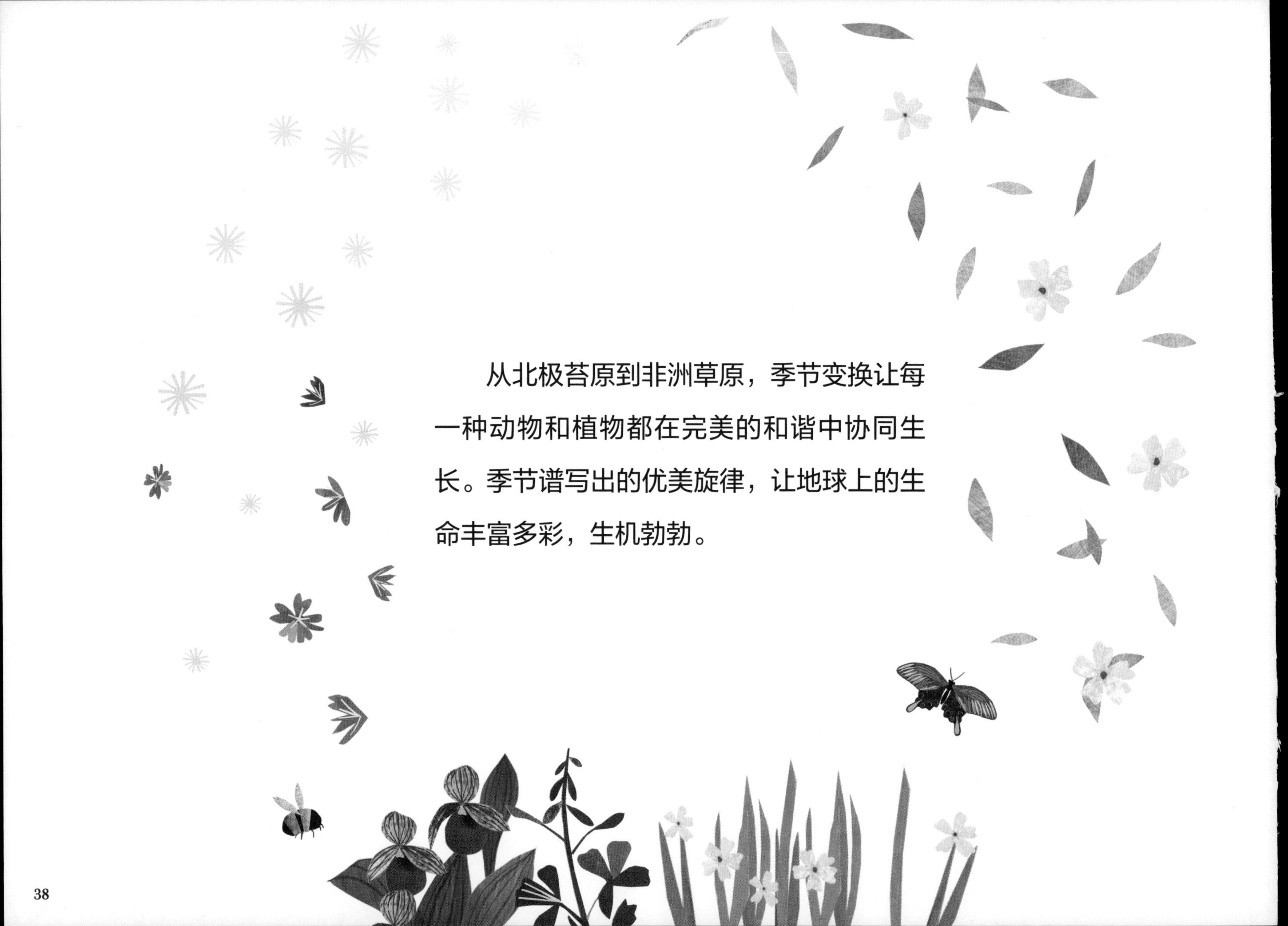

从北极苔原到非洲草原，季节变换让每一种动物和植物都在完美的和谐中协同生长。季节谱写出的优美旋律，让地球上的生命丰富多彩，生机勃勃。